ÉTUDES FORESTIÈRES
(1re étude)

DE L'EXPLOITABILITÉ

DE LA POSSIBILITÉ

ET DE

LEURS DIFFÉRENTS MODES

PAR

C. de KIRWAN
inspecteur des forêts.

Extrait de la *Revue des questions scientifiques*.

BRUXELLES
IMPRIMERIE POLLEUNIS, CEUTERICK ET LEFÉBURE
35, rue des Ursulines, 35

1887

ÉTUDES FORESTIÈRES

DE L'EXPLOITABILITÉ

DE LA POSSIBILITÉ

ET DE

LEURS DIFFÉRENTS MODES

PAR

C. de KIRWAN
inspecteur des forêts.

Extrait de la *Revue des questions scientifiques*.

BRUXELLES
IMPRIMERIE POLLEUNIS, CEUTERICK ET LEFÉBURE
35, rue des Ursulines, 35

1887

ÉTUDES FORESTIÈRES

DE L'EXPLOITABILITÉ

DE LA POSSIBILITÉ

ET DE LEURS DIFFÉRENTS MODES

I

DÉFINITIONS GÉNÉRALES.

La *possibilité* d'une forêt, c'est, comme le nom même l'indique, ce qu'une forêt *peut* produire. Mais, ainsi réduite, la définition serait incomplète, insuffisante et ne préciserait rien. La possibilité, en effet, ne consiste pas seulement en ce que peut produire une forêt, mais en ce qu'elle peut produire *sous la condition* expresse et absolue *de ne pas décroître*, de ne pas s'amoindrir, mais de se conserver et de se maintenir dans son état normal. Si l'on assimile une forêt à un capital représenté par une somme d'argent, on peut dire que sa possibilité est le revenu que l'on peut en tirer sans entamer le capital. Or, dans une forêt donnée, si la possibilité représente le revenu, comment est représenté le capital ? Il est représenté par plusieurs éléments, dont les deux principaux et essentiels sont la valeur du sol et celle du matériel ligneux sur pied non encore exploitable. Il suit de là que la possibilité équivaudrait à l'accroissement annuel moyen de l'ensemble des végétaux ligneux composant le matériel sur pied, autrement dit le *peuplement* de la forêt. Et, théoriquement parlant, cela est rigoureusement vrai. Mais attendu que le cas est excessivement rare d'une forêt véritablement et rigoureusement *normale*, avec une répartition exacte et égale des bois de tous les âges, depuis le brin naissant jusqu'à l'arbre exploitable, constituant un peuplement homogène, complet et en bon état de végétation en toutes ses parties ; que, même dans cette forêt typique et en quelque sorte idéale, la détermination exacte et certaine de l'accroissement annuel moyen de son matériel serait, dans l'état actuel de la science, à peu près impossible pratiquement ; cette possibilité se détermine par des moyens plus simples fondés sur l'*exploitabilité*.

Qu'est-ce que l'*exploitabilité?*

Considérée d'une manière générale, l'exploitabilité d'une forêt est l'âge auquel il convient de l'exploiter pour en tirer, dans les meilleures conditions, le produit qu'on en attend. Mais, suivant le point de vue auquel peut se placer le propriétaire, ce produit est de différentes sortes. On peut en effet se proposer de tirer d'une forêt la plus grande somme de matière ligneuse, le plus fort volume de bois qu'elle puisse annuellement produire (1). Considérée à ce point de vue absolu, l'exploitabilité résulte de l'âge *de plus grand accroissement moyen* des arbres qui composent la forêt ou portion de forêt à laquelle on veut l'appli-

(1) On peut aussi se proposer de réaliser le revenu en argent le plus élevé sans se préoccuper de la relation entre ce revenu et le capital engagé dans sa production. Mais ce point de vue se confond, dans la pratique, avec la production ligneuse la plus abondante ou la plus utile ; il n'y a donc pas lieu d'en faire l'objet d'une étude à part.

quer. Cet âge est tel que, soit qu'on le devance, soit qu'on le dépasse, le résultat final sera une production moindre en volume.

Expliquons ceci par un exemple. Considérons un arbre, un chêne si l'on veut, pris à part au sein d'un massif dont l'exploitabilité aura été fixée à 150 ans. Il est d'ores et déjà évident que, si l'on coupe à 75 ans un arbre qui ne devait avoir son entier développement qu'à 150 ans, on n'obtiendra qu'une quantité de bois très inférieure. A la vérité, l'arbre coupé à 75 ans est supposé devoir être immédiatement remplacé par un autre qui, maintenu pendant 75 nouvelles années, donnera théoriquement un arbre d'un volume égal à son prédécesseur. La question est de savoir si ces deux arbres, âgés chacun de 75 ans, auront fourni moins ou plus de bois qu'un seul arbre de 150 ans, venu toutes autres conditions égales. Il est certain que, dans les conditions ordinaires de bonne végétation, deux chênes de 75 ans chacun donneront un volume très notablement inférieur à un seul arbre de 150 ans, attendu que c'est surtout à partir de 80 à 100 ans que le chêne prend son plus grand développement. Il y a donc tout avantage, au point de vue de la plus grande production en matière, à élever un seul arbre jusqu'à l'âge de 150 ans, au lieu d'en élever successivement deux jusqu'à moitié seulement de cet âge.

Examinons maintenant ce qu'il adviendrait si, au lieu d'exploiter notre chêne à 150 ans, pour le remplacer aussitôt par un plant naissant qui serait exploité à son tour au bout d'un nouveau laps de 150 ans, nous le laissions sur pied pour vivre jusqu'à l'âge de 300 ans. Nous supposons même qu'il parviendrait à cet âge sans dépérir et sans se creuser à l'intérieur, ce qui, étant donnée l'essence, n'est pas absolument impossible. Néanmoins, il est très probable que, pendant les 150 ans formant la seconde période de son existence, notre arbre n'aura plus la même vigueur de végétation, la même puissance d'accroissement, et qu'il n'y acquerra pas autant de volume, qu'il n'y *fera pas autant de bois*, que pendant les 150 ans de la première. En sorte que le volume d'un seul arbre de 300 ans serait inférieur au volume de deux arbres de 150 ans.

Par conséquent, si ces faits sont établis dans des conditions de sol et de climat données, l'âge de l'*exploitabilité absolue* du chêne y sera de 150 ans, puisque, soit que l'on devance, soit que l'on recule cet âge, on aboutit à obtenir, dans une durée égale, une quantité de bois moindre.

Mais comment établir des comparaisons sur des résultats qui ne se constatent qu'après des temps aussi longs? Si l'âge de 75 ans est celui de la jeunesse croissante, de l'adolescence pour un chêne, c'est la vieillesse et la vieillesse déjà avancée pour l'homme ; et, quand nous parlons de 150 et de 300 ans, nul n'a l'espoir d'en approcher, pas même l'illustre « Doyen des étudiants français ». Depuis le déluge, universel ou non, les hommes ne comptent plus leur âge par séries de siècles. Heureusement que l'on peut, en matière forestière, remplacer la succession par la simultanéité. S'agit-il de déterminer pratiquement, dans une forêt ou tout au moins dans un massif important, *l'âge du plus grand accroissement moyen* de l'essence dominante, on abattra quelques arbres de cette essence et, sur la section faite à la base, on examinera la largeur des diverses couches annuelles. On sait que la sève dépose chaque année, entre le bois et l'écorce et tout autour du bois antérieurement formé, une nouvelle couche de bois concentrique aux précédentes. Ces couches, minces durant les premiers temps, s'accroissent ensuite progressivement pendant une durée plus ou moins longue suivant les essences et les conditions locales de la végétation ; puis elles deviennent sensiblement égales pendant un certain nombre d'années, pour diminuer enfin progressivement jusqu'à devenir, si on laisse l'arbre par trop longtemps sur pied, assez minces pour ne pouvoir plus être distinguées qu'avec l'aide du miscroscope. On peut ainsi, en comptant les couches concentriques, déterminer l'âge, à différentes époques, de l'arbre observé ; si l'on mesure le diamètre correspondant à chacun de ces âges et si l'on divise chaque diamètre par l'âge auquel il a été réalisé, on aura l'accroissement moyen à ces différents âges. Il est évident que, pendant tout le temps où les couches concentriques vont en augmentant de largeur, l'accroissement annuel moyen va par cela seul, lui aussi, en augmentant. Il en est de même pendant la période où les accroissements sont égaux : l'arbre s'accroissant chaque année d'une quantité égale à l'accroissement maximum précédemment obtenu, il est clair que la moyenne en résultant s'élèvera d'année en année. Elle s'élèvera encore, même lorsque l'accroissement annuel commencera à diminuer, et aussi longtemps que celui-ci restera plus grand que l'accroissement moyen correspondant (1).

Il est facile de comprendre que, après s'être livré à ces comptages et à ces mensurations sur un certain nombre

(1) Pour se bien rendre compte de cette loi, supposons un arbre quelconque dont la section à la base prise à $1^m,30$ du sol donnerait 110 couches concentriques formant un diamètre de $0^m,50$. On aurait ainsi un accroissement moyen de $4^{mm},5$ comptés sur le diamètre ou, ce qui revient au même, de $2^{mm}\frac{1}{4}$ comptés sur le rayon, la tige de l'arbre étant théoriquement considérée comme symétrique par rapport à son axe. Supposons encore qu'un second arbre de même essence, et par hypothèse identique au premier quant à la croissance, mais plus âgé de dix ans, ait, avec ses 120 couches concentriques, un diamètre de $0^m,80$. En divisant ce diamètre par l'âge de l'arbre et prenant la moitié du quotient, nous aurons l'accroissement moyen, compté sur le rayon, à 120 ans, soit $3^{mm},3$. L'accroissement moyen est devenu plus fort, puisque, de $2^{mm}\frac{1}{4}$ il y a dix ans, il s'est élevé à $3^{mm},3$. — Considérons maintenant un troisième arbre identique d'essence et de croissance aux deux précédents et âgé de 130 ans, avec un diamètre de $0^m,84$. Nous avons : $\frac{1}{2} \times \frac{0.84}{130} = 3^{mm},2$. L'accroissement moyen est plus élevé, il est vrai, qu'à l'arbre de 110 ans; mais il est plus faible qu'à l'arbre de 120 ans. Il est évident que ce que nous supposons observé sur 3 arbres de croissance identique, peut l'être sur la section d'un seul arbre coupé à 130 ans. Or le plus grand accroissement moyen étant réalisé à l'âge de 120 ans et commençant à diminuer vers 130 ans, on en conclura que l'âge d'exploitabilité absolue des arbres de l'essence considérée, dans le lieu de l'expérience, tombe entre 120 et 130 ans, soit moyennement 125 ans.

d'arbres convenablement choisis, l'on puisse déterminer d'une manière suffisamment sûre l'âge moyen où il convient d'exploiter les massifs d'une forêt ou d'une nuance de peuplement donnée pour en tirer la plus grande quantité possible de produit ligneux, autrement dit d'en déterminer l'âge d'*exploitabilité absolue*.

D'ailleurs le moment de cette exploitabilité peut se reconnaître, avec moins de précision sans doute, mais d'une manière suffisante en bien des cas, à des signes extérieurs de la végétation auxquels un œil exercé ne saurait se méprendre. Quand, sur un arbre quelconque, les pousses annuelles des branches et de la pointe de la cime, autrement dit de la *flèche* (surtout de celle-ci), sont de moins en moins allongées relativement à celles des années précédentes, on peut se tenir pour assuré que le développement de cet arbre a atteint son apogée et qu'il est devenu stationnaire : les couches de bois annuellement formées doivent être de moins en moins épaisses et l'accroissement moyen sur le point de décroître. Quand le sommet de la cime ne forme plus flèche, mais s'étale en tête arrondie ou aplatie ; bien plus sûrement encore, lorsque les rameaux supérieurs de cette tête, jadis aiguë et élancée, meurent et se dessèchent, c'est que l'arbre est en pleine décroissance et son accroissement annuel notoirement inférieur à l'accroissement moyen.

Ce n'est pas toujours la plus grande quantité possible de bois que l'on a intérêt à retirer d'un massif forestier. Il arrive souvent que telle industrie locale, tel débouché assuré réclament avant tout des bois de certaines dimensions ou de certaines qualités spéciales, bien plutôt qu'un fort volume. Dans le voisinage des houillères, par exemple, on aura intérêt à produire des arbres allongés et d'un faible diamètre pour en faire, en aussi grand nombre que possible, des étais de mine : le volume de bois ainsi obtenu sera moindre (1), mais le produit réalisé sera plus facilement et plus rapidement utilisable dans la contrée. Comme, dans les bois entretenus à l'état serré, la croissance en hauteur se développe beaucoup plus rapidement que l'accroissement en diamètre, il en résulte que l'âge de cette exploitabilité *relative* devance, au cas particulier, celui de l'exploitabilité absolue. L'inverse pourrait être s'il s'agissait d'obtenir, pour des besoins spéciaux, des pièces de bois de dimensions exceptionnelles et ne pouvant se réaliser qu'en dépassant, d'un plus ou moins grand nombre d'années, l'âge du plus grand accroissement moyen.

Telle est l'*exploitabilité relative* (2). Mais il en est d'autres exemples, ou plutôt, l'on peut considérer l'exploitabilité relative à deux points de vue différents : celui que nous venons d'examiner et qui se rapporte au mode d'utilisation des bois, et celui qui tient au produit en argent, au revenu pécuniaire à retirer d'une propriété en nature de forêt. Ce point de vue est essentiellement celui des particuliers propriétaires de bois, surtout dans les pays où la propriété est constituée sous le régime du partage forcé des successions, et où le père de famille doit se préoc-

(1) En effet, la tige des arbres étant assimilée dans la pratique à un cylindre qui aurait pour hauteur toute la longueur utilisable comme bois d'œuvre, et pour base le cercle mesuré sur la circonférence à moitié de cette longueur, on démontre aisément que les volumes des arbres croissent en raison simple de leur hauteur, mais, en raison des carrés de leurs diamètres. Par conséquent si un massif est culturalement dirigé pour produire des arbres de grandes hauteurs et de faibles diamètres, on en obtiendra une longueur linéaire de bois un peu plus forte mais un volume beaucoup moindre.

(2) Nous avons suivi, dans la définition des exploitabilités, les divisions indiquées dans le classique *Cours de culture des bois* de MM. Lorentz et Parade. D'autres auteurs adoptent des dénominations différentes. M. le conservateur Broilliard, dans son *Cours d'aménagement*, appelle *exploitabilité technique* l'exploitabilité relative à l'utilité acquise sous un volume de bois déterminé ; *exploitabilité commerciale*, celle qui est choisie en vue d'obtenir d'une forêt, exclusivement considérée comme un capital, le *taux* d'intérêt le plus élevé ; et enfin *exploitabilité économique*, celle qui, correspondant au maximum d'utilité de la production ligneuse, tend essentiellement à satisfaire la consommation.

cuper bien davantage de laisser à ses enfants un capital-argent accru par lui le plus possible, qu'un domaine en voie d'amélioration lente et d'accumulation du capital-matière à long terme. Ce qui est alors à considérer, c'est le rapport entre le revenu de la propriété et le capital employé à le produire. On a vu plus haut que, dans une forêt, les deux éléments essentiels du capital sont le sol et le matériel sur pied non immédiatement exploitable. Quand il s'agit d'apprécier économiquement le rapport entre le capital et le revenu, il faut y joindre la valeur capitalisée des frais de garde, d'imposition et d'entretien courant. Le revenu est fourni par l'accroissement du matériel sur pied, à partir du moment où le bois est exploitable ; mais il n'est devenu exploitable que par l'accumulation des accroissements annuels, lesquels sont ainsi assimilables à des intérêts composés destinés à fournir, après un certain nombre d'années, un capital déterminé. Il est clair que, tant que les bois sur pied n'auront pas atteint l'âge de leur plus grand accroissement moyen, le revenu-matière ira en s'accroissant en fonction du capital, lui-même en voie d'accroissement. En tout cas cet accroissement ne sera pas longtemps d'une puissance progressive comparable à celle des intérêts composés. D'où il suit que le propriétaire qui n'envisagera sa forêt qu'au seul point de vue d'un placement de fonds au taux d'intérêt le plus élevé possible devra en diriger l'exploitation de manière à lui faire produire le revenu le plus fort que l'on puisse obtenir du capital le plus faible. Il sera ainsi porté à couper ses bois bien avant l'âge du plus grand accroissement moyen, de manière à ne pas laisser s'accumuler un capital-matière donnant son revenu à un taux de plus en plus faible. Mais il devra chercher pour terme de son exploitabilité une époque telle que, soit qu'il la devance soit qu'il la dépasse, le rapport entre son capital et son revenu, autrement dit *le taux*, serait moins élevé.

Ainsi l'exploitabilité peut être relative soit à certaines

catégories de produits déterminés, soit au taux d'intérêt le plus élevé du *placement* que constitue la forêt ainsi considérée. Et ce second mode d'exploitabilité relative pourrait être appelé, comme le fait M. Broilliard, *exploitabilité commerciale*.

Entre l'exploitabilité absolue et les exploitabilités relatives, se place un nouveau mode d'exploitabilité résultant de la combinaison des précédents, et que l'on nomme, pour cette raison, l'*exploitabilité composée*.

Lorsque l'on veut réaliser, en un temps donné, soit le plus fort volume possible combiné avec les produits les plus utiles, soit le plus grand rendement en matière joint au taux le plus élevé, c'est à l'exploitabilité composée qu'il faut avoir recours. Celle-ci, comme la relative, est, on le voit, de deux sortes, pouvant composer la quantité du produit avec sa qualité, ou bien avec le taux de placement.

La seconde sorte convient aux essences de faible longévité, comme les *bois blancs* (saules, aunes, tilleul, peupliers, noisetier, etc.), qui entrent en décroissance de bonne heure, ou bien encore aux essences plus précieuses qui, se trouvant dans de mauvaises conditions de sol ou de climat, se comportent sous ce rapport comme les bois blancs. C'est en les exploitant à l'âge peu avancé qui précède immédiatement leur décroissance, que l'on en tirera en même temps le plus fort volume qu'ils puissent donner et le taux de placement le plus élevé, puisque la période relativement courte pendant laquelle ils auront été sur pied n'aura pas permis au capital-matière de s'accumuler au moyen d'accroissements faibles qui auraient abaissé de plus en plus le taux de l'intérêt.

Dans les forêts assises sur des fonds de bonne qualité et peuplées d'essences dures telles que chêne, hêtre, frêne, érable, orme champêtre, ou, aux altitudes convenables, pins sylvestre et de montagne, sapin, épicéa, mélèze, il convient d'appliquer, surtout si le propriétaire est l'État, la première sorte d'exploitabilité composée, celle qui combine la plus grande production de volume avec la qualité et la dimension des bois : en effet, en des conditions de sol, de climat et d'exposition qui leur conviennent, ces essences voient s'augmenter pendant une très longue durée leurs accroissements annuels, lesquels se maintiennent stationnaires pendant une autre longue période, élevant d'autant, d'année en année, le plus grand accroissement moyen, pour n'entrer en véritable décroissance et affaiblir celui-ci d'une manière rapide qu'à un âge très avancé. On peut donc, sans perte bien sensible de volume, les laisser sur pied même un peu au delà de l'âge du plus grand accroissement moyen, afin d'en obtenir les pièces de bois de dimensions exceptionnelles réclamées par les besoins publics.

Nous ne parlerons guère que pour mémoire d'un dernier mode d'exploitabilité, qui n'a rien à voir avec l'économie publique ou privée, et qui n'est déterminé que par la seule et unique considération de la longévité des essences. Il consiste à n'exploiter les arbres que quand ils tombent de vieillesse. Ainsi fait-on dans les préaux, les parcs, les jardins, où les arbres ont été plantés et ne sont conservés que pour leur ombrage ou leur effet ornemental ; ou bien encore s'il s'agit d'arbres isolés auxquels se rattachent des souvenirs de famille ou historiques ; ou enfin, aux fortes altitudes et sur des versants très escarpés, où la présence aussi longue que possible des massifs sur pied est nécessaire pour soutenir les terres et atténuer sinon empêcher les avalanches, chutes de neiges et éboulements. C'est ce qu'on appelle l'*exploitabilité physique*.

Fixés maintenant sur le sens qu'il convient d'attacher à l'*exploitabilité* d'une forêt ou d'un massif d'arbres, nous pouvons aborder en plus parfaite connaissance de cause la question de la *possibilité*. Par ce qui en a été dit en débutant, on se rend compte aisément de la relation qui les relie l'une à l'autre, et l'on comprend que la première soit un élément important pour la détermination de la seconde. En effet, l'exploitabilité de l'essence dominante de ma forêt, cette essence étant supposée dans des conditions normales de sol et de climat, me servira à en déterminer la *révolution*, c'est-à-dire le nombre d'années au bout desquelles, cette forêt ayant été parcourue en entier par les exploitations, il faudra revenir au point de départ pour retrouver des bois normalement exploitables.

Si, par exemple, il s'agit d'un massif dont le peuplement serait composé de bouleau et d'aune, essences de croissance rapide et dont le développement atteint son extrême limite vers l'âge de 80 à 90 ans, il est évident que, de toute manière et quel que soit le mode d'aménagement adopté, la révolution devra être nécessairement plus courte que pour un massif voisin qui serait exclusivement peuplé de chêne et de hêtre, dont la longévité s'étend à plusieurs siècles et dont la croissance est beaucoup plus lente. Autrement dit, l'exploitabilité des seconds étant beaucoup plus tardive que celle des premiers, on devra les soumettre à une révolution beaucoup plus longue, telle que 150 ans par exemple, alors qu'une révolution de 60 ans pourrait suffire pour les premiers.

L'idée qui se présente naturellement à l'esprit serait de partager la forêt aune et bouleau en 60 parties égales, la forêt chêne et hêtre en 150 parties égales, et d'exploiter chaque année une parcelle représentant 1/60 de la première et une parcelle formant la 150e partie de la seconde. On aurait alors la *possibilité par contenance*. Il faudrait admettre, en ce cas et pour l'exemple que nous avons choisi, que chaque année, après l'exploitation faite, la portion du peuplement ainsi rasée serait régénérée par les graines tombant des arbres des parcelles voisines non encore exploitées, ou bien serait repeuplée artificiellement par voie de plantation et de semis. Nous aurons occasion de voir que ce mode d'aménagement, assez primitif, a été cependant employé, non sans succès, à d'autres époques sous le nom de *tire et aire* (1), et l'est même encore de nos jours dans certains cas avec quelques perfectionnements, sans que les propriétaires des bois ainsi traités s'en trouvent plus mal.

Néanmoins, quand il s'agit, comme dans l'exemple que nous avons choisi, du traitement des bois en *futaie*, c'est-à-dire, où la régénération des parties exploitées doit se faire soit exclusivement par la graine tombée des arbres non encore exploités, soit avec le concours de l'homme intervenant pour régulariser par semis artificiels ou plantations l'œuvre de la nature, le système de tire et aire présente un inconvénient dont on a d'ailleurs, croyons-nous, considérablement exagéré l'importance depuis une soixantaine d'années, et qu'il est nécessaire de faire connaître.

Si, dans une forêt traitée en futaie, il était possible de réaliser une gradation d'âges parfaite, du brin naissant à l'arbre exploitable, et répartie en portions rigoureusement égales par fractions composées de l'unité avec le nombre d'années de la révolution pour dénominateur ; si, en même temps, l'espacement des arbres était absolument régulier et leur croissance sur tous les points parfaitement homogène ; alors chaque coupe annuelle donnerait un produit en matière sensiblement égal à celui de l'année précédente, et l'on obtiendrait ainsi ce que, en terme du métier, l'on appelle le *rapport soutenu*. Le rapport soutenu, autrement dit l'égalité du rendement annuel, voilà

(1) Cette expression de *tire et aire*, qui ne présente aucun sens à l'esprit, paraît être une corruption de *tirer aire* ou *tire à aire*, qui signifierait tirer *à la surface*, *à la contenance*, dont le mot *aire* est un synonyme. Elle n'est pas, au reste, exclusivement affectée à un certain mode d'exploitation des bois. Dans les concessions de terrains pour extraction de matériaux, le cahier des charges porte souvent cette clause que la carrière sera exploitée *à tire et aire*, c'est-à-dire, de proche en proche et sans qu'il soit permis d'entamer une parcelle avant que la parcelle commencée ne soit entièrement exploitée et le sol nivelé.

la grosse difficulté et souvent la pierre d'achoppement dans la détermination des possibilités. On ne saurait l'obtenir, dans une forêt traitée en futaie, par le partage de celle-ci en un nombre de parcelles égal à celui des années de la révolution adoptée; parce que, dans une futaie et surtout dans une futaie exploitée à long terme, la croissance et le développement de la végétation ne sont jamais d'une homogénéité et d'une régularité assez grandes pour répartir le matériel sur pied proportionnellement à la surface. Ce n'est que dans les bois traités en *taillis*, où la régénération du peuplement se fait par les rejets des souches exploitées, et où la révolution, relativement aux révolutions de futaie, est toujours plus ou moins courte, que l'on peut appliquer la possibilité par surface ou contenance avec chance d'obtenir un rapport *à peu près* soutenu. Dans les futaies, c'est la *possibilité par volume* qui est le plus généralement adoptée.

Or la détermination d'une telle possibilité n'est pas, à beaucoup près, aussi simple que celle d'une possibilité par contenance. Abstractivement, il est vrai, on y trouve une assez grande analogie ; car, si l'on pouvait apprécier exactement le nombre de stères de bois dont s'accroîtra la forêt considérée pendant la durée de la révolution, il suffirait de diviser ce nombre par celle-ci, et le quotient donnerait le chiffre de la possibilité annuelle. Oui, mais la difficulté, c'est d'attacher le grelot!

Apprécier la quantité de bois que produira un massif forestier pendant une durée de 150 ans, ou même beaucoup moins, est chose impossible. Possédât-on les données scientifiques nécessaires pour établir exactement la loi de l'accroissement de tous les arbres de ce massif, avec des registres contenant l'indication de tous les rendements antérieurs, on serait encore dans l'impuissance de prévoir sûrement ce que sera le développement de la végétation pendant 150 ou même pendant 100 ans. Les variations météorologiques, les modifications du climat et cent autres causes naturelles dont la prévision échappe à la compétence de l'homme, peuvent et doivent influer d'une manière plus ou moins profonde sur la croissance des arbres pendant une durée aussi longue. On a donc dû renoncer définitivement, et pour cause, à déterminer la possibilité par volume pour toute la durée d'une révolution de futaie. On partage cette durée en un certain nombre de *périodes* égales, cinq par exemple, et l'on se borne à fixer la possibilité pour une première période, à l'expiration de laquelle on détermine celle qui sera adoptée pendant la période suivante, et ainsi de suite. Nous examinerons plus loin la manière dont on procède. Nous n'en sommes, ici, qu'au chapitre des définitions, réservant à des exposés ultérieurs les détails et l'application.

Voilà donc déjà deux modes de possibilité bien distincts : *par contenance* et *par volume*. Et ces deux modes correspondent très généralement, sinon exclusivement, à deux modes d'exploitation non moins distincts, le *taillis* et la *futaie*. Il sera donc nécessaire de pénétrer dans le vif de ces deux systèmes, pour pouvoir arriver à une connaissance approfondie des deux modes de possibilité qui s'y rattachent.

Mais il y a plusieurs manières de comprendre et d'appliquer et l'exploitation en taillis et l'exploitation en futaie, et, parmi les divers systèmes de futaie, il en est un qui permet d'admettre une troisième sorte de possibilité, la *possibilité par pieds d'arbres*, consistant, comme on peut le pressentir, non pas à déterminer quelle étendue de terrain, ni quel volume de bois, mais combien d'arbres on exploitera chaque année. On comprend que, plus aisément encore que les deux précédentes, cette troisième possibilité s'écarte du fameux rapport soutenu ; cependant, en s'imposant la loi de ne choisir les arbres à exploiter que dans certaines catégories de grosseur fixées d'avance, on peut arriver à se maintenir, sans écarts nuisibles, dans une quotité acceptable de produits annuels.

II

L'EXPLOITABILITÉ ET LA POSSIBILITÉ DANS LES TAILLIS SIMPLES.

La flore forestière indigène de l'Europe est comprise exclusivement dans les deux grandes classes de phanérogames connues sous les noms d'*Angiospermes* (section des dicotylédones) et de *Gymnospermes*. Gymnospermes et angiospermes, procédant à l'origine, suivant l'école transformiste, les uns et les autres, des cryptogames hétérosporés (eux-mêmes issus des protophytes ou algues), représenteraient des *stades* de développement différents dans l'évolution des plantes (1). De telle sorte que cette évolution ayant, à partir d'une base commune, réalisé des perfectionnements dans deux directions différentes, se serait élevée d'un côté, par les *proangiospermes*, jusqu'aux angiospermes actuels, tant dicotylédonés que monocotylédonés; et de l'autre, par les progymnospermes et les gymnospermes proprement dits, jusqu'aux *métagymnospermes,* fort voisins, quoique à un stade inférieur, des angiospermes.

Ce qui constitue, en sylviculture, l'infériorité pratique des gymnospermes sur les angiospermes, c'est l'absence de bourgeons proventifs, au moins à la partie inférieure du tronc, ainsi que sur la souche et les racines. Représentés, dans la succession des âges géologiques, par de nombreuses subdivisions *(Sigillariées, Poroxylées, Cordaïtées, etc.)*, les gymnospermes ne comptent plus aujourd'hui que trois familles : les Cycadées habitantes de la zone intertropicale, les Gnétacées qui ne sont pas des végétaux forestiers, et enfin les *Conifères* ou arbres résineux qui jouent un grand rôle dans la sylviculture euro-

(1) Cf. Saporta et Marion, *Évolution du règne végétal*. Paris, Alcan.

pécnne. Mais, par suite de cette absence de bourgeons proventifs à la souche et aux racines, les pins, sapins, mélèzes, cèdres, etc., en un mot tous nos résineux, si l'on en excepte peut-être le genevrier commun et l'if (1), végétaux sans importance au point de vue de l'exploitation, se refusent absolument à donner des rejets, soit du pied, soit des racines, et, par suite, sont impuissants à se reproduire naturellement autrement que par semis. Ils sont donc forcément exclus du traitement en taillis réservé aux seules essences phanérogames, en langage forestier arbres *feuillus* : et ceci nous amène à donner une définition détaillée de l'exploitation des bois en taillis.

Un bois exploité en *taillis* est celui où la reproduction du peuplement, sa *régénération* pour employer l'expression technique, est confiée principalement aux rejets des souches, et accessoirement aux *scions* ou *drageons*, c'est-à-dire aux tigelles qui surgissent dans certaines essences des racines latérales courant ou *traçant* à fleur de terre. Il est dit : taillis *simple*, lorsqu'on ne destine aucun arbre de futaie proprement dite à s'élever au-dessus de lui. La détermination de l'exploitabilité doit tenir compte, ici, d'un élément particulier, à savoir la durée de la fécondité des souches, laquelle n'est pas illimitée. Quand un arbre a dépassé un certain âge, il est rare que sa souche ait conservé sa puissance de rejet, soit que les bourgeons pro-

(1) Il est un autre *résineux* ou *conifère* qui, plus encore que l'if et le genevrier commun, possède, grâce à une grande richesse en bourgeons proventifs, la faculté de se régénérer par rejets de souche : mais c'est un exotique, très sensible à la gelée, et qui, pour ce fait, ne paraît pas devoir s'acclimater comme arbre forestier en Europe, si ce n'est peut-être dans la zone méridionale. C'est le *Taxodium sempervirens* (London, Lambert), que M Carrière, après Endlicher, classe dans les Séquoias, appelé aussi à cause de la forme de ses feuilles Sequoia *taxifolia* (Cf. Carrière, *Traité général des Conifères ;* Kirwan, *Les Conifères indigènes et exotiques).* Cette essence extraordinaire, qui, dans son pays d'origine, peut atteindre 30 mètres de hauteur et 4 à 5 mètres de diamètre, rejette de souche, au moins dans sa jeunesse, aussi abondamment qu'un châtaignier ou un charme. Introduit en France et très sensible au froid, il voit sa tige geler à tous les hivers rigoureux, mais, au printemps suivant, envoie du pied, dans toutes les directions, de vigoureux rejets.

ventifs se soient atrophiés par suite d'une inactivité trop prolongée, soit que l'épaisseur et la dureté de l'écorce vieillie aient opposé un obstacle infranchissable à leur développement. En tout cas, si la souche des vieux arbres n'est pas toujours invariablement stérile, elle l'est le plus souvent; ce qui suffit à interdire de compter sur elle pour une régénération assurée. L'âge à fixer pour l'exploitabilité d'un taillis doit donc être inférieur à celui où les souches ne seraient plus certainement productives. Aussi les plus longues révolutions de taillis, pour les essences longévives, dépassent rarement 40 ans. D'autre part l'exploitation trop fréquente et trop rapprochée des *cépées*, c'est-à-dire des groupes de rejets accrus sur les souches (1), tend à affaiblir et à épuiser celles-ci; il faut donc éviter de fixer l'exploitabilité des taillis — sauf en certains cas exceptionnels que nous examinerons — au-dessous de 15 ou 20 ans. C'est entre ces deux limites extrêmes, 15 et 40 ans, qu'il s'agit de déterminer l'exploitabilité suivant que l'on veut réaliser soit le plus grand produit en matière — *exploitabilité absolue*, — soit les produits les plus utiles eu égard aux circonstances locales, ou le taux d'intérêt le plus élevé — *exploitabilité relative*, 1er et 2e modes, — soit enfin le plus fort volume combiné avec la plus grande utilité ou avec le meilleur rapport du revenu au capital — 1er et 2e modes de l'*exploitabilité composée*.

Supposons que nous ayons affaire à un taillis où l'essence dominante serait le chêne et qui serait assis sur un sol suffisamment profond, un peu frais, de fertilité médiocre, mais en plaine ou en faible déclivité et en un climat égal et tempéré. En de telles conditions, l'âge de 40 ans comme terme de l'exploitabilité absolue ne serait probablement pas trop élevé. Donnons à ce bois une étendue de 100 hectares. La possibilité ne peut être fondée que sur la contenance : nous diviserons celle-ci par le chiffre de l'exploita-

(1) Les cépées sont quelquefois appelées aussi *troches* ou *trochées*; mais ces termes sont moins usités.

bilité qui deviendra le nombre d'années de la révolution, et le quotient 2,50 nous indiquera l'étendue à exploiter chaque année pour obtenir le *rapport soutenu*, c'est-à-dire un revenu en matériel sensiblement constant. Pour *aménager* notre petit bois, nous le partagerons en 40 parcelles égales de 2^h, 50 chacune, disposées de manière à ce que les coupes se suivent de proche en proche, dans le sens du nord au sud ou de l'est à l'ouest, et aussi de telle sorte que l'on ne soit pas obligé, pour la traite du bois en exploitation, de traverser les coupes précédemment exploitées. Nous reverrons plus loin le pourquoi de ces règles, appelées *règles d'assiette* des coupes.

Si nous supposons notre petite forêt traitée de la sorte depuis quarante ans, nous aurons évidemment des bois de tous les âges, de 1 à 40 ans, chacun de ces quarante âges étant cantonné dans une parcelle de 2^h, 50, et ces parcelles ou *coupes* étant numérotées de 1 à 40 ; si, à l'époque où nous nous plaçons, c'est la coupe n° 1 qui est âgée de 40 ans, la coupe n° 2 aura 39 ans, le n° 3, 38 ans, et ainsi de suite jusqu'au n° 40 qui sera âgé de 1 an ; autant dire d'ailleurs qu'il sera en pleine exploitation, car il est rare que l'abatage, la façon et l'enlèvement des produits d'une coupe puissent s'effectuer en entier entre la chute des feuilles et la renaissance du printemps ; souvent même tout cela dure deux ans. Le peuplement de notre taillis étant supposé parfaitement homogène en toutes ses parties — et, sur une aussi faible étendue, la supposition n'a rien qui ne soit acceptable — le rendement de chaque coupe sera sensiblement égal d'une année à l'autre, et la possibilité par contenance ou surface correspondra de fait à une véritable possibilité par volume.

Nous pouvons admettre que le rendement de notre hectare de taillis de 40 ans sera de 200 stères, ce qui, pour nos 2^h, 50 de coupe annuelle, nous donnerait un volume de 500 stères. Examinons maintenant si cet âge correspond bien à la plus grande production en matière, autrement dit à la véritable exploitabilité absolue. Pour cela, considérons ce qu'il adviendrait si le même taillis, ou un taillis voisin et de tous points semblable, était aménagé à 20 ans. Au lieu d'être partagé en 40 coupes égales de $2^{h},50$ chacune, il le serait en 20 coupes seulement mais d'une étendue de 5 hectares. Dans les conditions de sol et de climat que nous avons admises, il est très probable que notre taillis prendrait beaucoup plus d'accroissement de la 20e à la 40e année que de la 1re à la 20e : exploité à 20 ans, il donnerait beaucoup moins de 100 stères à l'hectare, 70 stères par exemple ; dès lors, bien que l'étendue de la coupe soit double, son produit sera moindre : $70^{st} \times 5 = 350^{st}$ au lieu de 500st. Donc déjà le terme de 40 ans est plus proche de l'exploitabilité absolue que le terme de 20 ans, puisque le même hectare de taillis coupé deux fois en 40 ans ne donnerait que $2 \times 70 = 140$ stères, alors que coupé une seule fois à cet âge il en aurait donné 200.

Mais peut-être un âge intermédiaire eût-il été préférable. Voyons donc le résultat d'une exploitabilité fixée à 30 ans.

Ici, deux cas peuvent se présenter suivant les conditions particulières locales. Il peut arriver que l'activité de la végétation se développe d'une manière croissante de 20 à 40 ans, ou que, au contraire, son plus grand essor arrive à son apogée vers l'âge de 30 ans. Dans le premier cas, admettons que le rendement soit, à 30 ans, de 135 stères à l'hectare : notre petite forêt étant aménagée en 30 coupes égales de $3^{h},33$ à $3^{h},34$ et à la révolution de 30 ans, nous aurions pour le rendement de la coupe annuelle : $135^{st} \times 3,333... = 450$ stères. Notre coupe annuelle de 3^{h} 1/3 âgée de 30 ans ne nous fournissant que 450 stères, alors que la coupe de $2^{h},50$ âgée de 40 ans nous en donne 500, il est clair que le terme de l'exploitabilité absolue est mieux choisi à 40 ans qu'à 30. Si, au contraire, le plus grand effort de la végétation, pour une cause quelconque, se produit de 20 à 30 ans, il peut arriver que notre taillis, parvenu à ce dernier âge, fournisse, par exemple, 160 stères à l'hectare : or, $160^{st} \times 3,333... = 533$ stères. Ainsi 3^h 1/3 de taillis de 30 ans produiraient, en ce cas, plus de bois que 2^h 1/2 de taillis de 40 ans : le terme de l'exploitabilité absolue, dans cette hypothèse, serait donc 30 ans au lieu de 40.

On pourrait multiplier les exemples ; considérer, par exemple, un taillis de chêne sur un sol brûlant, compact, pierreux, sans profondeur, où le plus grand accroissement se produirait pendant les 15 ou 20 premières années, après quoi la végétation resterait stationnaire et ne fournirait plus un développement suffisant pour compenser le retard dans l'exploitation et la diminution dans l'étendue de la coupe, c'est-à-dire dans le chiffre de la possibilité. Ou bien, au lieu d'avoir affaire à du chêne, on peut être en présence d'un taillis, même assis sur un sol fertile, mais composé de bois blancs tels que tremble, saule, aune, coudrier, lesquels, par nature, atteignent leur plus grand développement à un âge peu avancé. Il est évident que là encore le terme de l'exploitabilité sera atteint beaucoup plus tôt que dans l'exemple cité en premier lieu.

Il faudrait raisonner d'une manière différente si, au lieu de rechercher dans les produits d'un taillis le plus fort volume réalisable de bois, on avait en vue certaines catégories de produits déterminés (1er mode de l'*exploitabilité relative* ou *exploitabilité technique)*, par exemple les perches à houblon, ou des échalas, ou du cerclage ; ces deux dernières sont particulièrement recherchées dans les pays vignobles. Or on fait, avec le châtaignier et le robinier (vulgo : *acacia*) des échalas et paisseaux (1) de première qualité, bien

(1) Les termes *échalas* et *paisseau* ne sont pas toujours synonymes. Dans certains pays le paisseau s'entend principalement d'un échalas en rondin ou demi-rondin et provenant d'un brin non refendu ou fendu une seule fois, tandis que l'échalas proprement dit serait le produit d'un brin d'un plus fort diamètre, refendu en un plus ou moins grand nombre de morceaux, et présentant par conséquent quatre ou, au moins, deux faces planes.

plus estimés qu'en chêne ; avec le saule marceau, le coudrier, le bouleau, l'aune blanc (*Alnus incana*, De Cand.) d'excellent cerclage. Mais on ne peut employer les bois à ces divers usages qu'à un âge peu avancé, lorsque, longs et flexibles, ils n'ont obtenu encore qu'un faible diamètre. L'exploitabilité relative ou technique, en pareil cas, exige une très courte révolution, celle qui correspond à l'âge où les brins de taillis ont atteint, sans les dépasser, les dimensions requises pour l'usage auquel on les destine. Dans un sol frais, divisé et non calcaire, le châtaignier (essence *calcifuge)* donne, à 7 ou 8 ans, du cerclage et des paisseaux, à 10 ou 12 ans, des échalas parfaits ; les bois blancs énumérés plus haut procurent aussi du cerclage à très bas âge, et des brins de robinier de 12 à 15 ans fournissent au charronnage des rais du bois le plus estimé. En ces diverses occurrences, c'est l'âge où le taillis produit les brins tels qu'on les recherche qui détermine l'exploitabilité ; et si les souches s'usent promptement par le fait de ces exploitations très fréquentes, on y suppléera en aidant artificiellement à la régénération par plantation, marcottage ou semis. D'ailleurs les essences à croissance très rapide dès le premier âge ont, si l'on excepte peut-être le robinier, les souches plus résistantes que celles à croissance plus lente. Comme, d'autre part, les produits, dans ces cas spéciaux d'exploitabilité relative, sont généralement très rémunérateurs, les sacrifices à faire pour aider à la régénération du peuplement sont assez peu sensibles.

Mais, d'une manière plus générale et sans envisager tel ou tel cas plus particulier, le propriétaire d'un bois taillis peut se proposer d'en retirer le plus fort revenu en y engageant le moindre capital, autrement dit, de réaliser le *taux* de placement le plus élevé. C'est le deuxième et principal mode de l'exploitabilité relative, appelé aussi, nous l'avons vu, *exploitabilité commerciale*. Reprenons, comme point de départ et terme de comparaison, notre exemple de tout à l'heure. Nous considérions un taillis de chêne s'exploitant à 40 ans, et dont l'hectare exploitable rendrait moyennement 200 stères. Ce taillis étant supposé homogène en chacune de ses quarante parcelles égales, dans sa faible étendue de 100 hectares, on peut admettre une graduation régulière dans les parties de différents âges, allant de 200 stères par hectare jusqu'à zéro et passant par les rendements intermédiaires ; en sorte que le rendement d'un hectare moyen serait $\frac{200+0}{2}$ ou 100 stères. Par conséquent, sur nos 100 hectares, nous avons un matériel de 10 000 stères. Ces dix mille stères, étant composés de bois de tous âges au-dessous de 40 ans, représenteront, comme prix sur pied *actuels*, des valeurs différentes, le stère de bois de 8 ou 10 ans, par exemple, valant beaucoup moins que le stère de bois de 30 ou de 40 ans. Prenons un chiffre qui puisse représenter une valeur moyenne *sur pied*, c'est-à-dire défalcation faite des frais d'abatage, façon et transport, soit 6 fr. le stère moyen. Nos dix mille stères sur pied constitueront un capital de ci . . . . 60 000 fr.

Il faut y ajouter la valeur du sol que nous avons supposé suffisamment *profond, un peu frais*, mais *de fertilité médiocre :* on n'exagérera rien, croyons-nous, en n'estimant pas un tel terrain à une valeur supérieure à 400 fr. l'hectare (1), soit pour nos 100 hectares, ci . . . . 40 000 »

Négligeons les frais de garde que l'on peut supposer compensés par la location de la chasse, et ajoutons, pour capitalisation des frais d'impositions et de travaux d'amélioration et d'entretien, 10 p. c. du total, soit 10 000 fr., ci . . . . 10 000 »

Nous arrivons ainsi à un capital de, ci 110 000 fr.

Notre revenu annuel en matériel est de 500 stères.

(1) En général le sol des propriétés boisées est très inférieur au sol des

Or, ces stères, tous composés de bois de 40 ans dont une grande partie peut servir à l'industrie, auront plus de valeur que nos stères pris, moyennement, sur toute la forêt : on peut en élever le prix d'un tiers et le porter, toujours sur pied, à 8 fr. D'où nos 500 stères annuels représenteraient une somme de 4000 fr., qui, attribuée à un capital de 110 000 fr., donne un taux de un peu plus de 3 1/2 p. c. (3,63).

Si, au contraire, notre taillis est aménagé à une révolution de 20 ans, et l'hectare exploitable donnant 70 stères, on aura, pour l'hectare représentant la moyenne des peuplements des différents âges de toute la forêt, un rendement de 35 stères, ce qui nous donnera, pour le matériel total, 3500 stères seulement. Ces stères-là sont d'une valeur très faible ; car, s'ils comprennent quelques brins de 20 ans, ils comprennent aussi, et en bien plus grand nombre, des ramilles de 1 à 10 ans propres tout au plus à faire de menues bourrées d'un produit insignifiant : de 10 à 12 ans, les taillis d'essences à croissance lente n'ont pas beaucoup plus de valeur ; ce n'est guère qu'à

terres en culture avoisinantes ou riveraines. Au point où en est arrivée notre civilisation, on peut admettre, en bloc, que toute terre plus propre à produire des céréales ou des herbages que des bois est depuis longtemps défrichée. Il est même arrivé, nombre de fois, que l'on a dépassé cette limite, et que, trompé par l'apparence, on a tenté de mettre en culture des sols couverts d'une riche végétation forestière. On concluait de la belle venue des bois à celle des plantes de culture proprement dite. Et, de fait, les résultats obtenus pendant les premières années semblaient donner raison à cette appréciation : la terre, d'une fécondité remarquable au début, bénéficiait de la réserve d'humus accumulée depuis des siècles par les détritus de la végétation ligneuse. Mais les céréales, autrement exigeantes que les bois, avaient bientôt épuisé cette opulente réserve. Peu d'années s'étaient écoulées que le sol était retourné à sa stérilité naturelle. Il fallait alors, pour lui maintenir une production moyenne, accroître, dans une proportion inusitée, les soins de culture et la fumure. Le plus souvent cette culture cessait d'être rémunératrice ; et ce qui avait été naguère un bois prospère et bienvenant passait à l'état de lande inculte ou de méchante vaine pâture ; à moins que le propriétaire mieux avisé, ou ses successeurs, ne se décidassent sagement à reboiser, même à grands frais, les terrains jadis indûment défrichés. En général, dans les pays très peuplés, comme ceux de l'ouest de l'Europe, les sols qui restent à l'état boisé n'ont, relativement aux terres arables vraiment rémunératrices, qu'une minime valeur. Dans bien des cas, le chiffre de 400 fr. pour la valeur du sol nu dans une forêt, même de belle venue, est encore trop élevé.

partir de 13 à 15 ans qu'ils commencent à acquérir un développement en diamètre qui permettra d'en faire, à 20 ans, du bois à charbon, de corde ou de menue industrie, *(charbonnette, moulée, menuise, rondins)*. La valeur du stère moyen, dans un taillis de chêne contenant en proportions égales du bois de tous les âges depuis 1 jusqu'à 20 ans, peut donc ne pas être évaluée au-dessus de 2 fr. Nos 3500 stères, représentant tout le matériel de 1 à 20 ans sur nos cent hectares, nous donneront donc une valeur en capital de ci . . . . 7 000 fr.

La valeur du sol est, nous l'avons dit, de ci 40 000

La quotité de l'impôt devra être notablement inférieure à ce qu'elle était dans l'exemple précédent, puisqu'elle correspondra à un capital notablement moindre ; réduisons-en proportionnellement la capitalisation. Elle sera de 4 700

Et le capital, en fonds et superficie, représenté par notre taillis de cent hectares régulièrement aménagé en coupes annuelles à 20 ans, sera de ci . . . . 51 700 fr.

Le revenu matériel annuel, sur 5 hectares, est de 350 stères, valant, sur pied, 6 fr. l'un et représentant un revenu en argent de 2100 fr. C'est, relativement au susdit capital, un peu plus de 4 p. c. (4,06). Il est donc préférable, au point de vue de l'exploitabilité relative au taux de l'intérêt de l'exploitabilité commerciale, d'exploiter notre taillis à 20 ans plutôt qu'à 40 ans. Dans l'exemple que nous avons choisi et avec les conditions que nous avons supposées, ce serait l'âge de 30 ans qui correspondrait le mieux à cette exploitabilité. En effet, dans l'hypothèse la moins favorable, celle où la croissance se développerait davantage de 30 à 40 ans que de 20 à 30, nous aurions, avec notre rendement de 135 stères à 30 ans, un matériel total, sur nos cent hectares, de 6750 stères pouvant être estimés, l'un dans l'autre et sur pied à 4 fr., soit en tout, ci 27 000

Valeur du fonds 40 000

Capitalisation proportionnelle des frais d'impositions 6 700

Total 73 700

Le revenu matériel de 135st × 3,333... = 450 stères, d'une valeur intermédiaire entre le stère à 40 ans et le stère à 20 ans, soit 7 fr. le stère, équivaut, en argent, à 3 150 fr., soit 4,27 p. c. du capital, taux légèrement plus élevé que le précédent (1).

On voit par ce qui précède que, si la possibilité de surface est proportionnelle au rendement en matière, elle ne l'est pas au taux du revenu en argent, puisque, en effet, le rendement en matière, qui est une possibilité de volume, correspond à l'exploitabilité absolue, alors que le taux du revenu est essentiellement lié à l'exploitabilité relative, laquelle peut varier avec beaucoup de circonstances et notamment avec les fluctuations économiques dont dépendent les prix des bois. Les conditions climatériques du lieu, comme la nature physique, minéralogique et, jusqu'à un certain point, chimique du sol, sont aussi des éléments importants pour la détermination de l'exploitabilité et, partant, de la possibilité d'un massif forestier donné. C'est par l'observation et l'étude attentive de ces conditions, non moins que par celles de la végétation, que le propriétaire

(1) Les écarts de taux obtenus dans notre exemple sont assez faibles : 3 1/2, 4, 4 1/4 p. c. Cela tient à ce que la valeur du fonds a été portée à un chiffre relativement élevé. On voit souvent, ainsi qu'il a été observé dans la note précédente, des taillis fort bienvenants sur des sols dont la valeur arable serait presque nulle. Nous-même avons pu voir des semis artificiels de chêne formant de jeunes peuplements d'assez bonne venue sur des friches et terres vagues qui avaient été achetées aux prix dérisoires de 15 à 20 fr. l'hectare. Toutefois, ce n'est pas sur des terrains aussi maigres que l'on pourrait espérer obtenir à 40 ans des taillis rendant 200 stères à l'hectare. Il est même plus que probable que leur exploitabilité absolue se manifesterait à un âge beaucoup moins avancé. Le capital engagé se trouvant alors moindre, on arriverait à un taux plus élevé avec un revenu d'ailleurs inférieur.

de bois spéculateur arrivera à se rendre compte de l'âge auquel il aura le plus d'avantage pécuniaire à abattre ses taillis. On vient de voir qu'une possibilité de 2st,50 déterminée, sur 100 hectares, par une exploitabilité de 40 ans, lui donnerait 3 1/2 p. c. de son capital; que la possibilité de 5 hectares, imposée par l'exploitabilité à 20 ans, donnerait 4,06 p. c., et la possibilité de 3^{h},333... réglée sur l'exploitabilité de 30 ares, 4,27 p. c. Le plus souvent, et surtout dans le cas de mauvais terrains, d'une valeur arable nulle et où cependant le bois en possession du sol vient encore assez bien, le taux s'élèvera en raison inverse de l'exploitabilité jusqu'à une limite assez basse. Les deux modes d'exploitabilité relative pourront alors se confondre. Au contraire, l'exploitabilité relative ne ferait qu'une avec l'absolue si, par exemple, la croissance du bois était assez active pour rapprocher l'âge de la plus grande production en matière de celui où les bois auraient réalisé leur plus grande valeur utilisable. Ce serait alors une véritable exploitabilité économique. Ainsi en serait-il dans un des cas de l'exemple ci-dessus, où nous supposions que le plus grand effort de la végétation de notre taillis, pour une cause quelconque, se produirait de 20 à 30 ans, au point de donner, à ce dernier âge, 160 stères à l'hectare. Cent soixante stères sont bien près de deux cents, ils en sont les 4/5, et réalisés, dans l'hypothèse, sur 3^{h},333..., ils fournissent un revenu en matière de 533 stères: ceux-ci, évalués moyennement à 7 fr. seulement, représentent une somme annuelle de 3721 fr.; c'est 4,70 p. c. d'un capital de 79 200 fr. (1). Ici nous avons à la fois le taux d'intérêt le plus élevé et le maximum du produit en matière.

(1) Ainsi réparti :

Si l'hectare exploitable à 30 ans donne 160 stères, l'hectare moyen, calculé sur toute la forêt, en donnera 80, ce qui fait 8 000 stères de matériel sur les 100 hectares. On peut les évaluer à 4 fr. l'un, soit . . . 32 000 fr.

Valeur du fonds 40 000

Capitalisation des frais, calculée proportionnellement sur un capital de 72 000 fr., ci 7 200

Total égal 79 200 fr.

Il ressort de tout ceci que la relation entre les différentes exploitabilités est essentiellement variable et n'a rien d'absolu ; et cette variabilité s'étend également aux exploitabilités composées, puisque celles-ci ne sont que la combinaison de la première, dite *absolue*, avec les deux exploitabilités relatives. Nous venons d'envisager un cas où l'exploitabilité est tout ensemble « absolue » et relative, et conséquemment composée, puisqu'elle est telle que le taillis donne en même temps le plus fort volume et le taux le plus fort. On conçoit très bien aussi telle autre situation où l'emploi le plus utile des brins d'un taillis correspondrait avec la quantité de bois la plus grande. D'autre part certains produits accessoires d'une coupe peuvent en accroître sensiblement la valeur et changer complètement les conditions de l'exploitabilité relative. Ainsi, quand tout à l'heure nous envisagions le rendement en nature et en argent d'un taillis *de chêne* de 20 ans, nous ne nous étions préoccupés que du rendement *en bois*. Mais un taillis de chêne, surtout à 20 ans, fournit aussi *de l'écorce* pour la fabrication du tan indispensable à l'industrie des cuirs. Peu de marchandises subissent des vicissitudes plus extrêmes que les écorces à tan ; voilà encore un élément qui peut modifier du tout au tout les combinaisons du propriétaire calculateur, préoccupé de tirer le parti pécuniaire le plus avantageux de ses taillis. Ajoutons que la préoccupation exclusive du taux d'intérêt le plus élevé n'est pas toujours la meilleure au point de vue du propriétaire qui veut administrer « en bon père de famille », selon la sage expression du code civil. Nous aurons occasion de nous expliquer là-dessus, lorsque nous nous occuperons des taillis composés.

III

DE L'AMÉNAGEMENT DES TAILLIS SIMPLES.

§ 1er. *Définitions. — Réserves d'abri. — Règles d'assiette.*

C'est, dans les habitudes du métier, un bien grand mot que celui-ci : *aménagement.* Dire et résumer toutes les querelles d'école auxquelles il a donné lieu serait un long travail. C'est que, en effet, dans l'aménagement des forêts se résume et se condense l'art forestier tout entier. Et comme cet art est essentiellement complexe, comme il est fondé sur des sciences d'observation essentiellement variables dans leurs développements, et sur des faits non moins variables suivant les lieux, les climats, les temps eux-mêmes, il arrive naturellement que les avis diffèrent, que les théories ne sont pas toujours d'accord entre elles, voire avec les faits sur lesquels elles prétendent s'appuyer. D'ailleurs, en introduisant la question de l'aménagement dans ces études, notre intention n'est pas, pour le moment, d'exposer ces diverses théories, moins encore de prendre parti entre elles. Notre rôle est beaucoup plus modeste. Des innombrables faces que la question peut présenter, celle de l'aménagement des taillis simples est, de beaucoup, la plus élémentaire et la moins compliquée. C'est pourquoi nous ne craignons pas de l'aborder dès maintenant, à la suite des considérations qui précèdent.

On conçoit deux manières de récolter les produits d'un bois taillis. Le mode de l'exploitabilité étant choisi et son âge déterminé, l'on peut abattre le bois dans toute son étendue, pour recommencer cette opération chaque fois que l'âge adopté se trouve de nouveau révolu. Ou bien l'on peut, comme nous l'avons supposé précédemment, le partager en autant de parcelles égales qu'il y a d'années dans l'âge de l'exploitabilité admise, et cet âge prend alors le nom technique de *révolution* (1).

(1) On peut aussi partager la forêt en un nombre de parcelles égales qui

La première manière ne s'emploie guère que pour des boqueteaux de très peu d'étendue et que, pour cette cause, l'on ne saurait décomposer en parcelles qui descendraient à une contenance trop infime. En ce cas, l'on ne peut pas dire d'un bois qu'il soit aménagé, si l'on restreint le sens du mot aménagement au partage d'un bois en coupes réglées; mais ce mot comporte, comme nous le verrons, des acceptions bien autrement étendues. Quand il s'agit des taillis simples il y a à se préoccuper, indépendamment de l'opération géodésique consistant à partager un périmètre donné en un certain nombre de parties égales, de la conservation du peuplement. Le grand inconvénient des taillis simples, surtout à courtes révolutions, consiste dans le découvert périodique du sol. Si un taillis s'exploite à 15 ans ou à 20 ans, le sol, rasé périodiquement à cet âge, reste pendant plusieurs années, à la suite de chaque exploitation, plus ou moins exposé à toutes les ardeurs du soleil, jusqu'à ce que le recru ait pris assez de développement pour le recouvrir à nouveau. Sous l'influence de cette absence de couvert, la terre se dessèche; une part notable des principes fertilisants déposés sur elle pendant les 15 ou 20 années précédentes par la chute des feuilles et d'autres détritus, disparaît par évaporation; le sol s'appauvrit en un mot. Supprimer cet inconvénient, il n'y a pas à y songer; il est inhérent au système d'exploitation lui-même. Mais on peut l'atténuer. On le peut d'abord en allongeant une exploitabilité trop courte. Il est bien évident que si le sol n'est découvert que tous les 20 ou 25 ans, le mal sera moins grand que si la coupe y repasse

ne soit qu'une partie aliquote du nombre d'années de la révolution, de manière à avoir des coupes biennales, triennales... quinquennales. On en use ainsi lorsque le bois à aménager étant de faible étendue, la coupe annuelle serait par trop peu importante, ou bien lorsque des circonstances locales rendent l'enlèvement, la traite, la *vidange* (pour employer l'expression la plus usitée administrativement) des produits plus facile en certaines années que dans les années intermédiaires. Mais ce système d'aménagement revenant périodiquement n'est qu'un cas particulier de l'aménagement en coupes annuelles : comme lui, il est également *en coupes réglées*.

tous les 10 ou 15 ans par exemple. C'est surtout dans les sols arides et maigres, dépourvus d'humus, qu'il importe le plus de ne pas adopter une révolution trop courte. Les taillis de saule marceau, de robinier ou de châtaignier, s'exploitant utilement tous les 7 ou 8 ans pour le cerclage ou les paisseaux, ne sont pas situés sur les plus mauvais terrains : il faut encore une certaine puissance végétative dans un sol pour qu'il se prête à ce genre d'exploitation.

Mais il est un autre moyen qui, s'ajoutant au précédent, permet d'atténuer assez l'inconvénient signalé, pour que la proportion d'humus fourni au sol par la végétation ligneuse soit notablement supérieure à celle que lui enlève l'évaporation pendant les années de découvert : il consiste à réserver, lors de la coupe, un certain nombre de brins destinés à rester sur pied jusqu'à la révolution suivante, pour être alors exploités avec le taillis. Ces brins, qui ont été ainsi conservés et ont crû pendant une seconde révolution, sont dits *de deux âges*, et les brins de l'âge du taillis, destinés à les remplacer, sont dits *brins de l'âge* ou, plus habituellement, *baliveaux* (1). Les baliveaux n'agissent pas sur le sol par leur *couvert*, c'est-à-dire par l'interception des rayons du soleil sur la projection orthogonale de leur

(1) On n'est pas bien fixé sur l'origine et l'étymologie de ce nom de *baliveau*. Cependant l'opinion la plus commune est qu'il dérive du mot de basse latinité *balivus*, corruption de *bajulus*, et dont on avait fait anciennement le mot *bailli*, titre d'une charge, mais dont la signification primitive était *garde*, *protecteur*. C'est l'opinion de Saint-Yon, adoptée par Baudrillart, qui l'explique en disant que le mot baliveau dérive « de la protection que ces arbres procurent aux forêts en les défendant contre les ardeurs du soleil pendant la jeunesse des coupes et en les repeuplant ensuite de leurs semences. » Cf. Baudrillart, *Dictionnaire général des eaux et forêts*, 1823, t. I, aux mots *bailli* et *baliveau*. Par la seconde partie de cette explication, la signification du mot baliveau s'étendrait des brins de l'âge aux réserves de plusieurs âges des taillis composés, désignées, comme nous le verrons, par les termes de *modernes* et d'*anciens*. Telle paraît bien avoir été, primitivement, l'étendue de l'acception du mot baliveau, dont les termes de modernes et anciens n'auraient été que les épithètes qualificatives : peu à peu le terme générique, conservé pour les *baliveaux de l'âge*, serait tombé en désuétude au profit des qualificatifs devenus ainsi noms génériques à leur tour. Le code forestier en vigueur, rédigé et promulgué en 1827, a conservé l'ancienne acception.

cime; car ce couvert est à peu près nul. Mais ils agissent par l'*ombre* portée de cette même cime, qui, changeant de place et d'étendue suivant les heures du jour, se promène tout autour du jeune arbre qui la produit, et rafraîchit successivement le sol sur un espace plus ou moins étendu. On comprend que si le nombre des brins de l'âge réservés est suffisant, l'influence de cet *ombrage*, très faible par chaque brin, mais répété un grand nombre de fois sur l'étendue du bois exploité, puisse agir efficacement. Telle est la distinction très importante à retenir entre le *couvert* et l'*ombrage*. On n'a pas établi de règles bien précises, jusqu'ici, pour la proportion des brins à réserver sur la coupe d'un taillis *simple*. Nous pensons que cette proportion doit être déterminée par la hauteur de ces brins, indirectement en conséquence par l'âge du taillis. Il est aisé de comprendre que, dans un taillis supposé de vingt ans, et dont la hauteur du sommet des cimes au-dessus du sol serait de six mètres par exemple, l'ombre portée des brins après la coupe s'étendra moins loin que celle des baliveaux réservés dans un taillis de quarante ans dont la hauteur serait moyennement d'une dizaine de mètres. D'où cette conclusion que, pour protéger efficacement le sol, les brins de réserve devront être d'autant plus rapprochés que la révolution sera plus courte.

Cette première indication, pour être utile, n'est pas suffisante ;car elle n'est que relative à l'âge et à la hauteur du peuplement et ne précise rien. Il faut donc chercher une base d'appréciation pour le nombre des baliveaux à réserver, ou plutôt pour leur *espacement*, le nombre se déterminant par l'espacement. Supposons un taillis de vingt ans dont les brins verticaux auraient, les uns dans les autres, trois mètres sous branches et trois mètres de cime. Si nous rapprochions les baliveaux de telle sorte que, la coupe faite, l'ombre de chacun d'eux, aux heures intermédiaires où les ombres sont à peu près de longueur égale aux corps qui les portent, vienne se confondre avec la moitié de l'ombre du baliveau voisin, il est clair que l'espacement serait trop faible et les baliveaux trop nombreux ; l'ombrage serait trop épais et ne tarderait pas après quelques années à nuire au développement des rejets des souches. Si, au contraire, les baliveaux beaucoup plus clairsemés laissaient entre leurs ombres respectives un intervalle aussi long que ces ombres elles-mêmes, nous n'hésitons pas à dire qu'ils seraient trop espacés : une part importante du parterre de la coupe, en ce cas, ne recevrait jamais le bienfait de l'ombrage des réserves, si ce n'est peut-être aux heures matinales et vespérales voisines des crépuscules, où les rayons solaires rasent le sol obliquement et avec peu de force.

Entre ces deux extrêmes, il est un moyen terme qui semblerait tout naturellement indiqué par la hauteur des brins au sommet de leur cime. Cependant, si l'on n'espaçait les baliveaux que de leur longueur, le nombre pourrait en être trop grand, sinon quant au présent, du moins en raison de leur développement ultérieur : une fois le taillis abattu, les brins réservés s'accroissent davantage dans le sens latéral que dans le sens vertical, et leur cime s'élargit plus qu'elle ne monte. En sorte que, vers le milieu de la révolution, ils pourraient commencer à donner un *couvert* qui nuirait au développement des rejets de souches les avoisinant. Par exemple, dans un taillis de vingt ans dont la hauteur serait de six mètres, en n'espaçant les baliveaux que d'un intervalle de 6 mètres, on en aurait 270 à 280 par hectare, et ce serait beaucoup. Sans doute l'ombre de tous ces brins de l'âge n'aurait aucune influence fâcheuse pendant les deux ou trois premières années, au contraire ; seulement, à mesure que s'élèverait le recru des cépées, les cimes des baliveaux croîtraient de même et bien plus dans le sens horizontal, c'est-à-dire de la largeur, que dans le sens vertical ou de la hauteur. Si bien que, au bout de dix ans, tel brin réservé qui, venu en massif jusqu'à trente ans, n'aurait eu qu'une cime relativement grêle et sans action appréciable comme couvert, pourra bien, croissant à l'état isolé depuis dix ans, avoir acquis assez d'ampleur à la cime pour étendre son couvert sur une surface, autour de son pied, de 3 à 4 mètres carrés. Or cette surface répétée 270 ou 280 fois sur un hectare, représente le 10e ou le 11e de cette surface; et naturellement cette proportion s'accroîtrait encore pendant les dix autres années à suivre jusqu'au retour de la coupe. Nous arriverions au contraire à ne recouvrir la coupe que de $\frac{1}{35}$ de sa surface au bout de dix ans, en prenant pour espacement le double de la longueur des brins réservés, ce qui nous donnerait 70 baliveaux à l'hectare : ce serait trop peu. Mais en prenant un terme intermédiaire tel que une fois et demie cette longueur, nous arriverions à 120 baliveaux donnant, à 4 mètres de couvert par arbre, 480[mc] au bout de dix ans, soit $\frac{1}{20}$ de la surface totale, laquelle pourra s'élever au $\frac{1}{15}$ durant la seconde dizaine d'années, ce qui constitue de bonnes proportions.

Nous nous sommes placés ici dans l'hypothèse d'un taillis de 20 ans. Il n'en irait plus tout à fait de même avec un taillis de 40 ans : là les brins de l'âge peuvent avoir 10 à 12 mètres de hauteur totale avec 6 ou 7 mètres de fût sous branches. Et ces cimes de 4 à 5 mètres, *ayant crû jusqu'alors à l'état serré*, ne fourniront pas un couvert plus sensiblement appréciable que celles de nos baliveaux de 20 ans de tout à l'heure. Mais leur ombre portée sera plus longue et ombragera successivement chaque jour des surfaces plus grandes. De plus, en s'élargissant et formant peu à peu un certain couvert, elles nuiront moins au sous-bois, à surface égale, par ce couvert provenant de cimes plus élevées au-dessus du sol, que les cimes de nos brins isolés à 20 ans. On sera donc bien plus à l'aise, dans un taillis à longue révolution, pour régler à son gré le nombre des réserves, lequel pourra plus aisément être moindre, tout en observant un espacement *relativement* plus faible :

rien ne s'opposera à ce que l'on adopte, ici, la longueur même des brins de réserve pour espacement ; car cet espacement étant de 10 mètres nous donnerait 100 baliveaux seulement à l'hectare, ce qui, pour un taillis simple, n'est assurément pas trop. Le chiffre de 70 baliveaux représenterait un espacement de 12 mètres.

Ces indications, au surplus, ne sont et ne peuvent être qu'approximatives et doivent nécessairement varier avec les essences, comme aussi, en cas de sols très déclives, avec l'exposition. Il est certain que, dans un taillis qui serait composé d'ormes, d'érables, de charmes, toutes essences à feuillage abondant et à couvert épais, l'on devra mesurer plus parcimonieusement les brins de réserve que si le peuplement ne comprenait que des essences à ombrage léger et à faible couvert, telles que chêne, frêne, bouleau. Au contraire, sur un versant rapide exposé au midi ou au couchant, il faudra serrer d'autant plus la réserve que l'insolation y est plus vive ; tandis que sur les pentes au regard du nord ou de l'est, qui voient le soleil moins longuement, on pourra l'espacer davantage. D'ailleurs et toutes autres circonstances étant semblables, on peut toujours, aussi bien en taillis simple qu'en taillis composé, maintenir un plus grand nombre de réserves sur les versants rapides que sur les terrains plats ou faiblement inclinés. La raison en est que les cimes des arbres se trouvant étagées laissent toujours aux rayons solaires un plus libre passage jusqu'à terre ; de plus, par le fait même de la déclivité, il arrive un moment dans la journée où ces rayons, alors qu'ils tombent obliquement sur les terrains plats, viennent frapper le sol normalement à sa pente, pour peu que celle-ci fasse avec l'horizon un angle suffisamment prononcé.

En résumé, qu'il s'agisse d'un boqueteau de faible surface ou d'une coupe considérée isolément dans un bois de plus grande étendue, l'aménagement d'un taillis simple doit s'appuyer sur deux ordres de faits : 1° l'exploitabilité, déterminée par la double considération des conditions de la végétation et du résultat particulier que l'on se propose d'atteindre ; 2° le degré de fertilité et de fraîcheur ou d'aridité du sol, et le plus ou moins de protection contre l'insolation qu'il peut être nécessaire de lui procurer.

Évidemment, ces deux ordres de faits doivent entrer pareillement en ligne de compte lorsqu'il s'agit d'une forêt d'étendue plus ou moins grande, dans laquelle on veut prélever, chaque année, une coupe fournissant une quantité de bois égale à l'accroissement de toute la forêt pendant l'année précédente. Seulement, un élément important s'ajoute ici aux deux autres : le partage de la forêt en autant de parcelles que le nombre d'années de l'exploitabilité adoptée, chacune de ces parcelles étant inversement proportionnelle en contenance au degré de consistance des peuplements. Cette dernière conception, parfaitement logique en théorie, est à peu près inexécutable dans la pratique. Donner à la coupe annuelle une contenance double là où le bois moins serré et moins bien venant représente un rendement ou une valeur inférieure de moitié à la valeur ou au rendement normal, d'un tiers moindre là où le taillis vaut un tiers de plus, cela impliquerait des évaluations de détail et d'une délicatesse telle que l'on n'arriverait jamais à des résultats certains. Au reste, quand il s'agit de massifs de faible étendue, comme 100 ou 200 hectares par exemple, il est rare que les nuances de peuplement y soient assez tranchées et assez importantes pour qu'on ne puisse les négliger sans grand inconvénient. Et, quand on a affaire à des forêts de plusieurs milliers d'hectares, on arrive à compenser suffisamment les moins-values de certaines parties par les plus-values des autres, en procédant de la manière suivante :

On partage la forêt en un certain nombre de *séries*, autrement dit en un certain nombre de fractions de l'ensemble, chacune bien nettement délimitée d'avec les autres soit par des dispositions ou des accidents naturels du sol, des chemins, des cours d'eau, des crêtes, etc., soit par des *laies* séparatives, grandes allées ou avenues ouvertes et essartées *ad hoc*. On considère chaque série comme une forêt distincte que l'on soumet à un aménagement spécial. On conçoit que, dans un massif de plusieurs milliers d'hectares, on puisse réunir, dans des séries différentes, tous les modes d'exploitation. En tous cas, les deux principaux, le taillis et la futaie, s'y rencontrent le plus souvent. Supposons toutefois, pour ne pas mêler les questions, qu'il ne s'agisse que de taillis simple, et considérons un massif de mille hectares à aménager suivant cette donnée.

Il faudra commencer par se rendre un compte exact des différentes nuances de peuplement par une étude approfondie faite sur les lieux au moyen, si besoin est, d'un *parcellaire* provisoire, permettant d'étudier et de décrire séparément l'état et les conditions de chaque parcelle correspondant à ces nuances : nature, qualité et disposition du sol, composition des essences, *âge du peuplement, état de la végétation*, exposition, contenance. Lorsque ce travail, assez long et minutieux, est terminé sur le terrain, et les parcelles figurées sur le plan général de la forêt préalablement levé à cet effet, il s'agit de rechercher, ayant sous les yeux à la fois le plan du parcellaire et sa description, le meilleur mode de division à adopter pour que les produits d'une série ou portion de série moins bonne puissent être compensés simultanément par les coupes d'une série ou portion de série d'un meilleur rendement. Il faut aussi tenir compte des âges du taillis sur les différents points pour que la *révolution transitoire*, destinée à établir, dans chaque série, une gradation régulière dans les âges du peuplement, s'éloigne le moins possible des résultats que doit donner la *révolution définitive*.

Admettons, pour simplifier le premier exposé, que notre massif de mille hectares se trouve partagé, par la disposition naturelle du sol, en quatre cantons sensiblement égaux, et que chacun des quatre, ayant appartenu à des propriétaires différents, a été exploité, d'année en année, d'une manière à peu près régulière quoique sans aménagement préalable. L'aménagement à établir par le propriétaire unique des quatre massifs contigus ne consistera guère que dans la régularisation et la fixation sur le terrain de ce qui avait été fait précédemment, à l'an l'année et par approximation. Appliquons sur le plan d'ensemble de la propriété les plans d'arpentage des coupes annuelles; le parcellaire se trouvera ainsi tout tracé, et, si les propriétaires précédents ont dirigé leurs coupes suivant les principes du métier, nous constaterons tout d'abord les faits suivants :

1° Dans chacune des quatre anciennes propriétés, aujourd'hui réunies en une seule par succession, remploi ou autrement, nous verrons que les coupes n'ont pas été assises au hasard et sans ordre, tantôt sur un point tantôt sur un autre, mais bien de proche en proche, sans interruption ni lacune; de plus, pour en régulariser la forme autant que possible en vue d'une plus grande facilité pour l'exploitation, dans trois au moins de nos quatre cantons, on a, au besoin, ouvert une ou deux lignes ou *laies,* dans le sens de la plus grande longueur du canton, lignes sur lesquelles les coupes sont venues s'appuyer de part et d'autre : ces *laies,* qui servent en même temps de chemins d'exploitation, sont appelées laies *sommières.* Le soin d'asseoir les coupes de proche en proche, sans interruption ni lacune et en leur donnant la forme la plus régulière possible, constitue ce que l'on appelle, en langage forestier, la *première règle d'assiette.*

2° Par leur forme et leur disposition relativement au périmètre, aux chemins existants, aux *laies* là où il en a été ouvert, aux moyens de transport quels qu'ils soient, on voit que les coupes ont été effectuées de telle manière que l'on n'a jamais été dans la nécessité de transporter leurs produits au travers de celles qui avaient été exploitées précédemment. On a ainsi observé exactement la *deuxième règle d'assiette* qui a pour but de préserver le jeune recru des dégâts énormes que leur cause toujours le passage des chars pesamment chargés par les produits, en écorchant les souches, écrasant les jeunes rejets, blessant plus ou moins grièvement ou même mutilant les brins réservés.

3° Dans deux des quatre anciennes propriétés, les coupes ont été assises de telle façon que la parcelle de taillis la plus âgée se trouve située au nord, les âges décroissant de proche en proche jusqu'à la parcelle la plus jeune qui se trouve ainsi occuper le sud. Dans une troisième, nous constatons une disposition analogue, à cela près que la parcelle la plus âgée est à l'est, la marche des coupes ayant été dirigée de l'est à l'ouest. Cette direction de la marche des coupes du nord au sud ou de l'est à l'ouest résulte de l'observation de la *troisième règle d'assiette*. C'est une règle établie en vue de protéger les jeunes coupes, dans les premières années qui suivent l'exploitation, contre les vents pluvieux du sud ou de l'ouest, plus violents d'ailleurs, en général, que ceux du nord et de l'est : ces vents, accompagnés de pluies et souvent d'orages, détrempent la terre des coupes récemment exploitées et déracinent facilement les arbres réservés : ces coupes, abritées par les coupes sur pied et prochainement exploitables, souffriront moins de ces vents qui ne leur arriveront qu'affaiblis par leur passage à travers les massifs. La coupe de l'année recevra aussi, au soleil couchant, quelque ombrage du taillis à exploiter l'année suivante.

4° Ces trois règles ne paraissent pas avoir été observées au même degré dans le dernier de nos quatre cantons, dont, au reste, les courbes de niveau indiquent, sur le plan, qu'il occupe une sorte de croupe dont les versants, sur plusieurs points assez rapides, sont inclinés au regard du sud et de l'ouest. Là, le parcellaire indique que les coupes ont été assises successivement du sud au nord, contrairement à la règle précédente ; et leur forme, en lanières étroites et allongées dirigées dans le sens de la pente générale, est par le fait moins régulière que celle des coupes des autres cantons. L'assiette des coupes dans la direction du sud au nord est ici motivée par une circonstance locale : la conformation de la vallée à laquelle appartient le versant est telle, que la direction des vents chauds et humides, venant de l'ouest, s'y trouve déviée, et que ces vents soufflent du nord au sud le long du versant auquel appartient notre canton. L'ancien propriétaire avait donc très judicieusement observé l'esprit de la troisième règle d'assiette, tout en paraissant en avoir violé la lettre. Mais pourquoi n'avoir pas donné aux coupes, au moyen d'une ou deux laies transversales, une forme moins allongée, moins étroite, plus carrée, conformément à la seconde prescription de la première règle d'assiette ? C'est que, *en montagne,* cette disposition des coupes en longues bandes suivant les lignes de plus grande pente est souvent commandée par la conformation orographique : si la pente est très raide, trop abrupte même pour permettre, sans des frais excessifs, l'établissement de laies ou chemins à mi-côte, une telle disposition des coupes est en effet la meilleure, surtout quand au pied du versant coule un cours d'eau ou existe une bonne route permettant un facile enlèvement des produits. Ceux-ci sont traînés ou précipités de haut en bas avec une facilité relative et sans sortir des limites de la coupe en exploitation. En outre, comme, sur les versants rapides formant les parois des vallées, les vents dominants rasent leurs flancs plutôt qu'ils ne soufflent de face, la disposition qui nous occupe a cet autre effet utile que les coupes leur présentent ainsi leur moindre profondeur et qu'ils n'y exercent leurs ravages que sur une étendue plus faible. MM. Lorentz et Parade, dans leur savant *Cours de culture des bois*, qui est à juste titre le *vade-mecum* des forestiers français, font de cette observance une cinquième règle d'assiette, spéciale aux forêts ou portions de forêt en montagne, de même que la quatrième dont il nous reste à parler.

Celle-ci, qui semble au premier abord en contradiction avec celle que nous venons d'exposer et de justifier, se formule ainsi :

« En montagne, il faut exploiter en premier lieu les parties inférieures, et conserver les parties supérieures pour être coupées en dernier lieu. »

Voici de quelle manière se dénoue cette contradiction apparente : en montagne, les pentes ne sont pas toujours excessives et sont d'ailleurs rarement uniformes. Il se présente donc un grand nombre de cas, surtout en des forêts d'une certaine étendue, où l'on peut, utilement et sans frais disproportionnés, tracer et ouvrir des chemins d'exploitation perpendiculairement aux plus grandes pentes ou à peu près, de manière à ce que leur profil en long soit, sinon presque horizontal, du moins d'assez faible inclinaison. Le versant se trouve ainsi partagé en deux ou plusieurs zones, au bas de chacune desquelles un moyen de transport existe qui permet l'enlèvement relativement facile des produits réalisés sur cette zone. On doit alors disposer les choses de manière à pouvoir commencer les exploitations par la zone la plus inférieure et les terminer par la zone du haut. Telle est la *quatrième règle d'assiette*. Ce qui n'empêche pas de donner aux emplacements de ces exploitations une forme étroite et allongée, de manière à en présenter la moindre largeur aux vents dangereux : il faut alors calculer en conséquence l'emplacement des laies ou chemins transversaux, au besoin n'appuyer les sommets des coupes que sur une partie d'entre eux, les autres étant traversés de part et d'autre par la longueur de chaque coupe. La raison d'être de cette distribution de bas en haut tient à deux motifs : l'un commun à tous les modes de traitement forestier, l'autre concernant plus spécialement les bois de futaie pleine ou contenant des arbres de futaie et en état de produire des graines fertiles et de contribuer par là à la régénération des peuplements : on comprend que ces graines tendent à descendre le long du versant et qu'il y ait, par suite, intérêt à ce que les arbres qui les donnent soient maintenus le plus longtemps possible au voisinage des sommets. L'autre motif se rattache aux montagnes de grandes hauteurs, surtout de celles où la région boisée est surmontée de la zone pastorale où s'amoncelle la neige en hiver, et à plus forte raison de la zone des neiges perpétuelles. Les bois sur pied fournissent un rideau protecteur contre les éboulements, les avalanches et les ouragans qui se précipitent si souvent des altitudes supérieures : il est donc très important de conserver ces bois intacts aussi longtemps que faire se peut. Souvent même on ajoute à cette précaution celle de maintenir, au voisinage de la limite de la végétation forestière, une bande plus ou moins large que l'on n'exploite pas, si ce n'est au terme extrême de l'exploitabilité physique individuelle des arbres qui la composent, et qui forme, dans les aménagements, une zone hors série ou hors cadre sous le nom de *zone de protection.*

IV

DE L'AMÉNAGEMENT DES TAILLIS SIMPLES.

§ 2. *Application à un exemple.*

Revenons à notre plan parcellaire.

Les conditions dans lesquelles il se présente rendent particulièrement simple et facile l'aménagement à établir. Ce plan représente quatre cantons de bois contigus, dont trois sur un même plateau et un quatrième en un versant plus ou moins rapide à l'aspect du sud et de l'ouest.

Sylviculteurs éclairés, les propriétaires antérieurs de ces quatre petits bois les ont exploités, il est vrai, sans aménagement préalable assis sur le terrain, mais en suivant méthodiquement toutes les saines traditions du métier. Admettons encore que nos quatre cantons soient disposés en quatre espèces de secteurs autour d'un commun centre, de telle sorte que, en ouvrant deux laies se coupant à angle droit par ce centre, on puisse partager l'ensemble en quatre parties égales correspondant à peu de chose près aux quatre propriétés anciennes dont s'est constituée la propriété actuelle.

Voilà notre forêt de mille hectares partagée du coup en quatre séries, moyennement de 250 hectares chacune. On comprend que, dans la pratique, on n'arrive guère à des égalités pareilles ; mais il ne faut pas oublier que nous raisonnons en ce moment sur un exemple idéal, une sorte de diagramme choisi et combiné de manière à donner à notre exposé la plus grande somme de clarté possible. Admettons que nos quatre contenances soient respectivement 258, 244, 240 et 258 hectares.

Désignons par les majuscules A, B, C et D nos quatre séries, A représentant le quartier nord-est, B le quartier sud-est, C le sud-ouest, D la série du nord-ouest. A, B et D occupent l'extrémité ouest d'un plateau qui se termine en C par une croupe arrondie formant l'un des versants d'une vallée ; au bas de celle-ci, existe une route qui va rejoindre plus loin, par des pentes adoucies, le réseau de viabilité qui sillonne le plateau. Le sol, assez frais en A, B, D et à la partie supérieure de C, se compose de sables argileux du groupe néocomien, au-dessous desquels se montre, sur les flancs du versant, le calcaire de l'oolithe moyenne.

Le peuplement du secteur A, qui formera notre 1re série, comprend des rejets de chêne d'assez belle venue dans la proportion des 5/10, du hêtre et du charme pour 2/10 et, pour les derniers 3/10, diverses essences, telles que frêne, orme, érables, merisier, sorbiers, etc. C'est un taillis de tous âges, de 1 à 40 ans, disposés suivant une gradation uniforme du sud au nord. En parcourant sur le terrain ce massif, on constate que la végétation, très vigoureuse jusqu'à l'âge de 30 ans, se maintient encore un peu pendant quelques années au delà, puis se ralentit visiblement, si bien que les parcelles âgées de 35 à 40 ans ne paraissent pas sensiblement plus fortes en hauteur et en diamètre que celles de 30 à 35 ans, lesquelles n'ont plus gagné beaucoup elles-mêmes. Ce qui nous indique l'âge de 30 ans comme correspondant, sur cette série, à l'exploitabilité absolue, c'est-à-dire à l'âge où le produit en matière du taillis est le plus abondant. Nous admettrons donc, pour la possibilité de notre 1re série, en A, $\frac{258}{30} = 8^h,60$ au lieu de celle de $\frac{258}{40} = 6^h,45$ précédemment adoptée. Il s'agira de partager en conséquence cette série, *conformément aux règles d'assiette*, en 30 coupes d'une étendue moyenne de 8h,60, de manière à pouvoir exploiter chaque année pareille contenance de bois de trente ans. Comme les laies sommières existantes et sur lesquelles s'appuyaient les précédentes exploitations, bien que dirigées du nord au sud, ne se trouvent pas exactement parallèles et perpendiculaires à nos laies de division des séries, il faudra les redresser ou, mieux, en ouvrir de nouvelles, calculées pour permettre de donner autant que possible aux coupes la forme de parallélogrammes rectangles dont la longueur n'excéderait pas trop le double de leur largeur. Avec deux sommières, par exemple, on aurait trois rangées de coupes, dont les deux intérieures en contiendraient chacune douze, je suppose ; la rangée extérieure, celle que longe à l'est le périmètre et où leur forme serait nécessairement moins régulière, en contenant six. L'espacement des baliveaux de l'âge à réserver pour rester sur pied pendant une seconde révolution pourra varier de 8 à 12 mètres, suivant que l'on rencontrera des brins d'essence à faible couvert comme chêne, frêne, sorbier, ou à ombrage plus épais comme hêtre, charme, orme : on aura ainsi une réserve de 120 baliveaux à l'hectare en moyenne.

La 2e série sera formée du secteur B. La composition du sol s'y montre la même, à cela près que, la proportion d'argile y étant plus forte, la fraîcheur y est plus grande et y maintient constamment un peu d'humidité. Le peuplement y est mélangé d'aune blanc, de châtaignier, de frêne, de bouleau pubescent, de saule marceau. La possibilité y avait été fixée jusqu'alors d'après une exploitabilité à 20 ans, ce qui, pour une étendue de 244 hectares, la portait à 12^h,20. Une telle possibilité n'était pas entièrement satisfaisante : au point de vue de l'exploitabilité absolue, elle était trop forte, car le plus grand accroissement moyen, visiblement, n'était pas atteint à cet âge, à en juger par la vigueur de la végétation. Au point de vue de la réalisation des produits les plus utiles (exploitabilité relative), elle était trop faible, eu égard aux conditions économiques de la localité : nous nous supposons en plein pays vignoble, là où le cerclage et les échalas constituent un produit important et recherché, d'un placement toujours assuré. Dès l'âge de 7 ou 8 ans, le châtaignier et le marsault donneraient déjà du cerclage; mais les brins de bouleau, d'aune, de frêne, seraient peut-être encore un peu faibles. En adoptant l'âge de 10 ans, nous serons dans les meilleures conditions pour obtenir des échalas et des cercles : ce sera donc notre exploitabilité. La possibilité en résultant sera de $\frac{244}{10} = 24^h,40$. On partagera donc géométriquement la série B soit en dix parcelles d'une étendue moyenne de 24^h,40, soit en vingt parcelles de 12^h,20, disposées bien entendu conformément aux règles d'assiette et de façon à établir dans la série deux rotations simultanées, durant la même révolution de dix ans : cette seconde combinaison aurait l'avantage de donner moins d'étendue à chaque lot de coupe, de manière à en rendre l'exploitation plus facile et moins nuisible au recru. La réserve serait établie à raison de 150 baliveaux à l'hectare, ce qui suppose un espacement moyen de 8 mètres environ.

Les conditions sont bien différentes dans la série C. Elle forme une croupe arrondie au sommet, c'est-à-dire au point de jonction des quatre cantons, mais à flancs relativement abrupts sur les 4/5 de son étendue, et regardant le sud, le sud-ouest et l'ouest : elle est donc exposée, bien plus que les autres, au danger de l'insolation. De plus, au lieu d'un terrain argilo-sableux conservant la fraîcheur, nous avons affaire, dans sa plus grande partie, à un terrain calcaire, maigre et sec, facile à échauffer. Le peuplement se compose pour 6/10 environ de chêne, et pour 4/10 de charme. Grâce à ce mélange qui assure au sol un abri suffisant, celui-ci n'est nulle part découvert ; et, malgré son aridité et son exposition brûlante, il porte un peuplement complet. Seulement, la végétation s'y ralentit de bonne heure, et à partir de vingt ans elle ne produit plus d'accroissement sensible. Aussi le propriétaire avait-il adopté sagement cet âge pour terme de son exploitabilité. Nous avons vu que, en raison d'une interversion dans la direction des vents le long de la vallée qui s'étend au pied du versant, on avait dû établir la marche des coupes dans la direction du sud au nord : il faudra maintenir cette exception rationnellement motivée. D'autre part, toutes les coupes avaient été successivement assises de haut en bas du versant, en une suite de lanières en forme de triangles allongés, ayant leur commun sommet sur celui du mamelon, et s'étendant en éventail sur ses flancs. Cette disposition était assurément légitime, puisqu'elle permettait d'effectuer l'exploitation de chaque coupe sans en faire passer les produits par les coupes précédemment exploitées. Mais il est possible d'adopter une disposition meilleure encore, en traçant à mi-côte, suivant une pente très adoucie, deux chemins longeant le flanc du versant et le côtoyant transversalement aux lignes de plus grande inclinaison : la pente ne dépassant pas une moyenne de 15 à 20 p. c., ces tracés sont possibles ; et, en les raccordant aux deux bras sud et ouest de la croix formée par les deux laies séparatives des séries, on les fera entrer dans le réseau de la viabilité générale. De cette façon, les seules coupes de la rangée du haut auront la forme triangulaire ; celles des deux autres rangées seront des trapèzes dont la plus grande des deux bases parallèles reposera sur le bord du chemin inférieur. Il faudrait, pour se conformer strictement à la quatrième règle d'assiette, commencer l'exploitation par les coupes de la rangée inférieure, pour la continuer ensuite par celles du milieu, et n'attaquer les coupes de la rangée du haut qu'en dernier lieu. Mais on est bien obligé de compter avec la marche antérieurement suivie : or on sait que les coupes avaient été assises jusque-là en bandes longues et étroites s'étendant chacune du sommet au bas du versant ; si l'on suivait rigoureusement l'ordre normal, on aurait, pendant la première révolution, des coupes de plus en plus au-dessous de l'âge d'exploitabilité dans la rangée inférieure, pour revenir prendre des coupes le dépassant sensiblement dans la rangée intermédiaire et plus encore dans la rangée supérieure, ce qui entraînerait des pertes sensibles et détruirait le rapport soutenu. On tournera la difficulté de la manière suivante : sur la partie du massif la plus âgée, celle qui se trouve contiguë au bras méridional de la croix des laies séparatives, on assoira les coupes n°s 1, 2 et 3 : la coupe n° 1 dans la rangée du bas, où elle comprendra, seulement pour la première fois, des bois de 20, 19 et 18 ans ; la coupe n° 2, au-dessus, entre les deux chemins à mi-côte, où elle se composera de bois de 21, 20 et 19 ans ; puis la coupe n° 3, au-dessus du n° 2, dans la rangée supérieure, avec des bois de 22, 21 et 20 ans. La coupe n° 4 trouvera ensuite sa place au joignant du n° 1, le n° 5 au joignant du n° 2, et le n° 6 au joignant du n° 3, et ainsi de suite. Chacune des nouvelles coupes comprendra de la sorte, pendant la première révolution, des bois de trois âges, mais rapprochés entre eux ainsi que de l'âge normal ; ce qui, dans un remaniement d'aménagement, est parfaitement admissible et n'entraînerait pas, d'ailleurs, des variations exagérées du rapport soutenu.

La réserve, dans notre troisième série, devra être très serrée, et cela pour deux raisons : en premier lieu, le terrain étant sec et l'exposition chaude, il est nécessaire de procurer au sol le plus d'ombrage possible ; d'autre part, il y a toujours beaucoup moins à craindre en pente forte qu'à plat d'un excès de couvert, attendu, comme on l'a dit plus haut, que, sur un versant très déclive, les cimes des arbres s'étagent et laissent toujours les rayons du soleil pénétrer plus ou moins jusqu'au sol. On pourra donc, sans crainte, fixer ainsi, comme dans la série précédente, l'espacement des baliveaux à une moyenne de 8 mètres, afin d'avoir 150 à 160 baliveaux à l'hectare ; car, si la révolution est ici plus longue, les essences sont, par nature et en raison de l'aridité du sol, d'une croissance moins active. Quant à la possibilité, elle est, comme toujours dans les taillis, déterminée par le rapport de la surface à l'exploitabilité : $\frac{240}{20} = 12$; elle est de 12 hectares.

Avec la série D, nous rentrons dans les conditions de sol et de climat de la série 1re ou A. Mais le peuplement y est composé d'une manière toute différente. Le bouleau blanc y forme l'essence dominante et y entre pour moitié. Le chêne n'y compte guère que pour 2/10, les autres 8/10 se composant d'alisiers, de merisier, de sorbiers, de tilleul. L'âge de 20 ans, adopté pour l'exploitabilité dans la série C, serait ici un peu faible : la fraîcheur et la fertilité relative du terrain permettent à la végétation de prolonger un peu plus longtemps son élan. D'un autre côté, l'exploitabilité de la série A, où les essences dominantes sont le chêne, le hêtre et le charme, serait trop forte en D, où le peuplement principal ne comporte pas un âge aussi élevé. Nous adopterons donc l'exploitabilité de 25 ans, qui nous donnera une possibilité de 10^h 32, et nous fixerons l'espacement moyen des brins de l'âge à réserver à 8 ou 10 mètres, soit 100 à 130 baliveaux à l'hectare. La répartition des 25 coupes s'établira d'une manière analogue à celle des 30 coupes de la série A — la disposition topographique y étant la même, — au moyen de deux laies sommières parallèles, perpendiculaires aux deux laies de division des séries ; l'on s'orientera sur la direction de l'assiette des coupes lors des exploitations antérieures, laquelle avait été établie de l'est à l'ouest.

Tel est ou, du moins, tel peut être l'aménagement d'un bois de mille hectares en taillis simple. Il est visible que le rendement annuel sera fort différent d'une série d'exploitation à l'autre, puisque la composition des essences, la nature du sol et l'exposition sont elles-mêmes différentes. Mais, comme la forêt a été partagée de manière à grouper, série par série, les conditions semblables, et comme en même temps l'aménagement se meut dans chaque série indépendamment des autres, le rapport ou revenu annuel sera suffisamment soutenu, puisque les quatre possibilités se réuniront en une seule masse chaque année, les plus faibles étant compensées par les plus fortes.

La division en séries a un autre avantage : celui d'éviter les coupes d'une trop grande étendue. Si nous avions voulu aménager notre forêt de mille hectares en une seule série, nous aurions été amenés probablement à adopter, comme terme d'exploitabilité, l'âge de 20 ans qui correspond à peu près à la moyenne des exploitabilités des quatre cantons. Il nous aurait fallu, par suite, diviser nos mille hectares en vingt coupes de cinquante hectares chacune. Non seulement ces coupes eussent été d'un rendement inégal, mais en outre leur exploitation eût été beaucoup plus dommageable, en obligeant les charrois à parcourir une plus grande étendue du parterre en exploitation avant de rencontrer les laies et les layons séparatifs de coupes, au moyen desquels ils gagnent sans commettre de dégâts les chemins d'exploitation ou la lisière du bois.

C'est donc un principe très important, en matière d'exploitation des bois, de ne jamais comprendre une grande étendue boisée en un aménagement unique, mais de la partager en un certain nombre de séries, pouvant sans doute et devant même avoir une corrélation entre elles, bien que constituant néanmoins chacune, au point de vue de l'exploitabilité, de la possibilité et de l'exploitation, un tout autonome et distinct. Une grande forêt, aménagée en plusieurs séries, pourrait être comparée, non sans quelque exactitude, à une confédération d'États dans laquelle chacun d'eux, tout en ayant son gouvernement propre et sa législation particulière, est cependant soumis, comme ses voisins, à la législation générale de la confédération. Nous aurons occasion de voir, dans la suite de ce travail, combien ce principe de division est plus important encore, lorsque la possibilité doit s'établir par volume ou par pieds d'arbres, et non plus seulement par contenance.

C. DE KIRWAN.

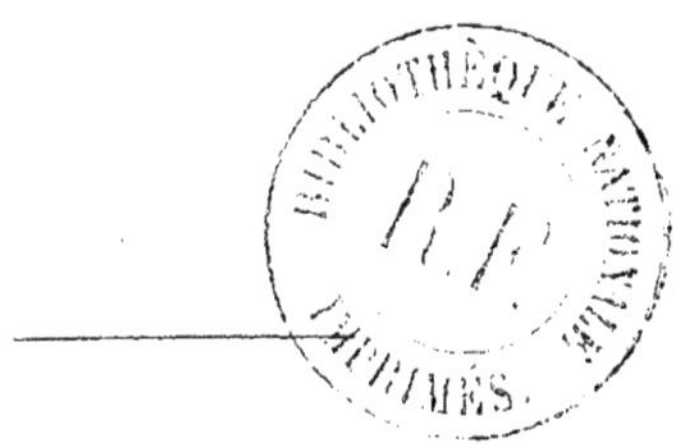

www.ingramcontent.com/pod-product-compliance
Ingram Content Group UK Ltd.
Pitfield, Milton Keynes, MK11 3LW, UK
UKHW021028180726
13838UKWH00004B/1678

9 782329 492698